"十四五"时期国家重点出版物出版专项规划项目

◄ 农 业 科 普 丛 书 ►

图说小麦生产全程机械化

灌溉篇

黄兴法　　黎耀军　　丁日升　　李光永　　编著

U0272084

中国农业科学技术出版社

图书在版编目（CIP）数据

图说小麦生产全程机械化. 灌溉篇 / 黄兴法等编著
. 一北京：中国农业科学技术出版社，2024.6
ISBN 978-7-5116-6276-7

Ⅰ. ①图… Ⅱ. ①黄… Ⅲ. ①小麦－农业生产－农业
机械化－图解 Ⅳ. ① S233.72-64

中国国家版本馆 CIP 数据核字（2023）第 081240 号

责任编辑	姚　欢
责任校对	王　彦
责任印制	姜义伟　王思文

出 版 者	中国农业科学技术出版社
	北京市中关村南大街 12 号　　邮编：100081
电　　话	（010）82106631（编辑室）（010）82109702（发行部）
	（010）82109709（读者服务部）
传　　真	（010）82106631
网　　址	https://castp.caas.cn
经 销 者	各地新华书店
印 刷 者	北京科信印刷有限公司
开　　本	140 mm×203 mm　1/32
印　　张	2
字　　数	50 千字
版　　次	2024 年 6 月第 1 版　2024 年 6 月第 1 次印刷
定　　价	60.00 元（全 4 册）

序 言
PREFACE

　　长期以来，党中央、国务院高度重视农业机械化发展。早在 1959 年，毛泽东主席就作出了"农业的根本出路在于机械化"的著名论断。2018 年，习近平总书记在黑龙江北大荒建三江国家农业科技园区考察时指出，大力推进农业机械化、智能化，给农业现代化插上科技的翅膀。实现传统农业向现代农业的转变，关键是依靠科技进步。农业机械化是应用农业科技的主要载体。2024 年中央一号文件对有效推进乡村全面振兴给出了指导意见，其中明确提出要大力实施农机装备补短板行动。近年来，我国农机装备总量持续增长，作业水平不断提升，社会化服务能力显著增强，带动农业生产方式、组织方式、经营方式深刻变革。农业机械化快速发展，为增强我国农业综合生产能力、加快农业现代化提供了有力支撑。

　　国家小麦产业技术体系长期致力于小麦良种培育、病虫草害防控、栽培与土肥技术、加工贮藏、产业经济、机械化等产业重点任务，集中全国优势力量，开展技术攻关和成果应用，有效保障了小麦产业健康发展。小麦全程机械化生产能有效提升生产效率，提高小麦产量，保证小麦品质。进一步加快推进小麦全程机械化，推动小麦产业绿色高质量发展，提高小麦自主产能，对保障我国粮食安全具有重要意义。

小麦生产全程机械化技术主要涉及耕、种、管、收等环节，包括秸秆处理与土地耕整、精少量播种、节水灌溉、高效植保、联合收获、小麦烘干等农机农艺融合技术。我国科技工作者根据小麦不同产区实际情况开发出一系列全程机械化生产技术与模式，并持续平稳推进。通过先进农机技术集成和农机农艺融合，有效提高了农机化水平和作业效率，达到了简化作业环节、降低生产成本、增产增收的目的。同时，示范带动了其他作物生产全程机械化水平的提高，利用机械化手段实现农业绿色生产，促进了农业可持续发展。

《图说小麦生产全程机械化》一书包括耕播篇、灌溉篇、施肥与施药篇、收获篇。国家小麦产业技术体系机械化功能研究室积极探索新型表现方法，采用大众喜闻乐见的漫画、刨根问底的问答形式，兼顾真实性、启迪性和普及性，凝练小麦整地、播种、灌溉、施肥、施药和收获机械化技术要点和装备特征，解答种植户关心的各类小麦机械化问题。全书语言通俗易懂，内容丰富，可帮助读者在较短时间内准确地了解小麦全程机械化的流程并快速找到自身所需要的内容。相信本套图书的编撰出版能为小麦全程机械化技术培训提供科普教材，有效提高读者对小麦机械化生产技术的认识水平，推动小麦生产全程机械化技术普及与应用，助力小麦绿色高效生产。

国家小麦产业技术体系首席科学家

2024 年 4 月

前言
PREFACE

　　小麦是我国最重要的粮食作物之一，小麦产业的高质量发展对保障国家粮食安全、推动乡村振兴至关重要。农业机械化是小麦高效优质生产的重要保障。当前，我国小麦机械化技术装备正由数量增加持续向质量提升转变，普及和推广高水平小麦全程机械化生产技术装备，对促进小麦生产向绿色可持续方向发展具有重要意义。

　　《图说小麦生产全程机械化》为系列丛书，共分四册。本套图书内容上结合我国小麦主产区生产特点，围绕耕、种、管、收生产环节详细介绍了小麦全程机械化生产技术装备，以漫画的形式，通过人物对话总结了耕播、施肥施药、灌溉、收获各个生产环节的技术装备与作业要求；技术上兼具实际操作性，突出创新性，精选了当前生产上的新技术。

　　本套图书适用于广大农作物种植企业、合作社、家庭农场、基层农技推广人员以及农林院校相关专业师生阅读。

　　由于时间和作者水平有限，书中难免存在不足之处，欢迎广大读者批评指正！

编　者
2024 年 4 月

3

另外，长畦田也可以在低压管道的田间给水栓连接塑料软管进行灌溉，软管在田间移动方便。有的地方采用白色软管，俗称"小白龙"灌溉。

叫"小白龙"很形象。

7

11

固定管道式喷灌投资相对比较高，为了节省投资，管道式灌溉也可以做成移动式的，浇完一块地后，再挪到下一块地进行灌溉。

这种系统需要移动管道和喷头，灌溉作业效率怎么样？

搬动管道也很费事，感觉不太方便。

移动管道式喷灌使用过程确实比较麻烦，但投资少是突出优势。

还好这种系统结构相对简单，拆卸安装难度应该不大。

13

像这种大型的喷灌机，一台就能灌溉上千亩地。

这是在麦田里走着灌溉啊。

有这种机器，浇地就省心了。

16

自走式喷灌系统是边移动边灌溉的喷灌机械，主要包括卷盘式喷灌机、圆形喷灌机、平移式喷灌机等。

这几种喷灌机都适合在什么条件下使用呢？

卷盘式喷灌机一般单机控制灌溉面积在100～300亩，适合中小规模的种植户采用。

技术难度大吗？

19

您再给我们讲讲圆形喷灌机吧。

圆形喷灌机非常适合集中连片的大田块灌溉作业，单机可控制300～2000亩。机组一般由多跨桁架组成，围绕中心支轴旋转，径向长度可达数百米。

圆形喷灌机作业效率高，特别适合种粮大户和专业种植合作社采用。

那正是我们需要的！

圆形喷灌系统安装调试好后，运行并不复杂。根据小麦需要的灌水量，确定机组行走速度就可以了。而且机组具有爬坡能力，坡度不高于20%的话，一般都没问题。

圆形喷灌机采用的是低压喷头，机组的入机压力一般控制在40米水头。流量根据机组控制面积来配置，如果采用井水灌溉，一口井出水量不够时，可以考虑采用两口井联合供水。如果水源含沙，入机前需进行过滤。

我家的2000亩地就是连片的，那可以采用圆形喷灌机了。

但是我家的地是长条形的，采用圆形喷灌机的话，边角上浇不到，怎么解决？

一般情况下，地块边角可以采用其他灌溉方式进行补充，比如采用卷盘式喷灌机或管道式喷灌等。

25

系统投入是不是很高啊?

机组看起来很庞大,其实亩均投资并不高。而且喷灌机控制面积越大,亩均成本越低。保养维护得好,一台机组可以运行15～20年,一次投入,多年受益。而且机组是可移动的,所以不影响耕地、播种和收获等其他田间机械化作业。

长条形地块，还可以用平移式喷灌机来灌溉，解决地块边角浇不到的问题。

那平移式机组比圆形喷灌机好啊。

这个好！

也不能简单认为平移式喷灌机比圆形喷灌机好，应该说各有特点，应根据具体应用需求来选择最合适灌溉方式。平移式机组行走控制难度较大，而且取水相对更复杂，一般需要修建供水水渠，或配置供水托管。

这种机型用得多吗？

看来每种机组都有各自的特点。

因为适应我国长条形地块布局特点，平移式喷灌机比较容易被用户接受，在一些高效节水灌溉示范区，陆续得到示范应用。另外，机组是平行移动的，方便实现对地块中不同区域进行不同的灌水量控制，近年来，在小麦育种中应用越来越多。

我认为平移式机组更适合我家地块。

机组平行移动的运行维护是不是更复杂？

你问了一个非常好的问题。确实，由于是平行移动，相对圆形喷灌机，平移式喷灌机运行维护要求要高一些，应尽可能确保不同跨之间的速度相当，避免机组跑偏。

现在的圆形喷灌机和平移式喷灌机技术都很成熟，机组运行操控难度也不是很大。安装调试好后，供应商可以提供远程控制系统，在家打开手机网上操作，就可以浇地了。

真是实现了灌溉的机械化和自动化。

这就太方便了。

31

34

35

微喷带确实喷不太远，管内工作压力为3～10米水头时，喷射距离为2米左右。对于壤土，一般适宜的微喷带铺设间距为1.8～2.4米，长度为30～50米。

大概14行小麦用一条微喷带。

38

39

滴灌相比喷灌还有其他优势吗？

滴灌的优点和喷灌的差不多，节水增产，土地利用率高，地形适应性好，还方便实现水肥一体化，自动化程度高，也方便进行少量多次灌溉。但是，滴灌对水质要求较高。

41

43

首部枢纽包括过滤器、施肥装置、闸阀、单向阀、水表、压力表和排气阀等。前面提到滴灌系统容易堵塞，需要对灌溉水进行较严格过滤，过滤器就是用于这个目的。

看来系统组成还挺复杂的。

47

48

叠片过滤器成本比筛网过滤器稍高一些，过滤能力和使用条件与筛网过滤器相近，含沙量大和藻类物质多的水源不宜采用。

49

水砂分离器也称为离心过滤器，多用于含沙量大的水源。一般仅作为初级过滤，下游还必须安装二级过滤器。

施肥

砂石过滤器适用于各种水质的过滤，尤其适合含藻类等有机杂质的水源过滤。

水质较差时，可以几种过滤器联合使用，形成多级过滤，效果更好。

53

筛网式滤器过滤网清洗技术要点：
（1）关泵停水。
（2）旋转压紧手柄、去掉过滤器盖、取出过滤网。
（3）清洗过滤网。
（4）检查"o"形密封圈及密封垫状况。
（5）安装就位。
（6）开水试压，检查是否泄漏，观察压力表读数是否正常。

过滤系统应该怎么维护管理呢？

过滤器运行一段时间后需要进行定期清洗，否则影响过滤效果。一般当过滤器进、出口的工作压力差达到70千帕时需要清洗。

滴灌系统操作步骤技术要点：

（1）打开田间一个轮灌组的阀门。

（2）检查系统所有设备是否正常，确保排水、排沙阀关闭。

（3）启动水泵，同时检查系统工作压力、流量是否正常，系统进入工作状态。

（4）一个轮灌组灌溉结束，先打开下一轮灌组的阀门，再关闭上一轮灌组的阀门。

那整个滴灌系统应该怎么运行呢？

一般滴灌系统都需要分组轮灌，运行滴灌系统时也要按一定的步骤来，否则系统无法正常工作。